LOCUS

LOCUS

LOCUS

LOCUS

宏碁的經驗與孫子兵法的智慧
Visions in the Age of Knowledge Economy

領導者的眼界 ❷

網路經濟
與亞洲的機會

有效的執行，
重過創意和速度

施振榮 著

蔡志忠 繪

總序

《領導者的眼界》系列，共十二本書。

針對知識經濟所形成的全球化時代，十二個課題而寫。

其中累積了宏碁集團上兆台幣的營運流程，以及孫子兵法的智慧。

十二本書可以分開來單獨閱讀，也可以合起來成一體系。

施振榮

　　這個系列叫做《領導者的眼界》，共十二本書，主要是談一個企業的領導者，或者有心要成為企業領導者的人，在知識經濟所形成的全球化時代，應該如何思維和行動的十二個主題。

　　這十二個主題，是公元二〇〇〇年我在母校交通大學EMBA十二堂課的授課架構改編而成，它彙集了我和宏碁集團二十四年來在全球市場的經營心得和策略運用的精華，富藏無數成功經驗和失敗教訓，書中每一句話所表達的思維和資訊，都是真槍實彈，繳足了學費之後的心血結晶，可說是累積了

台幣上兆元的寶貴營運經驗，以及花費上百億元，經歷多次失敗教訓的學習成果。

除了我在十二堂EMBA課程所整理的宏碁集團的經驗之外，《領導者的眼界》十二本書裡，還有另外一個珍貴的元素：孫子兵法。

我第一次讀孫子兵法在二十多年前。什麼機緣已經不記得了。後來有機會又偶爾瀏覽。說起來，我不算一個處處都以孫子兵法為師的人，但是回想起來，我的行事和管理風格和孫子兵法還是有一些相通之處。

其中最主要的，就是我做事情的時候，都是從比較長期的思考點、比較間接的思考點來出發。一般人可能沒這個耐心。他們碰到問題，容易從立即、直接的反應來思考。立即、直接的反應，是人人都會的，長期、間接的反應，才是與眾不同之處，可以看出別人看不到的機會與問題。

和我共同創作《領導者的眼界》十二本書的
人，是蔡志忠先生。蔡先生負責孫子兵法的詮釋。
過去他所創作的漫畫版本孫子兵法，我個人就曾拜
讀，受益良多。能和他共同創作《領導者的眼
界》，覺得十分新鮮。

　　我認為知識和經驗是十分寶貴的。前
人走過的錯誤，可以不必再犯；前人成功的
案例，則可做為參考。年輕朋友如能耐心細
讀，一方面可以掌握宏碁集團過去累積台幣
上兆元的寶貴營運經驗，一方面可以體會流
傳二千多年的孫子兵法的精華，如此做為個
人生涯成長和事
業發展的借
鏡，相信必能
受益無窮。

目錄

總序　　　　　　　　　　　　　　　　　　　　　　4

前言　　　　　　　　　　　　　　　　　　　　　　8
何謂網路生意？　　　　　　　　　　　　　　　　　12
網路生意的牛肉在哪裡？　　　　　　　　　　　　　18
網路生意的挑戰　　　　　　　　　　　　　　　　　22
亞洲發展e產品的策略　　　　　　　　　　　　　　32
亞洲發展e技術的策略　　　　　　　　　　　　　　34
亞洲發展e服務的策略　　　　　　　　　　　　　　38
網際網路的商機　　　　　　　　　　　　　　　　　42
網路經濟的價值創造　　　　　　　　　　　　　　　48
台灣的網路生意（I）　　　　　　　　　　　　　　54
台灣的網路生意（II）　　　　　　　　　　　　　　58
總結　　　　　　　　　　　　　　　　　　　　　　62

孫子兵法：實虛篇　　　　　　　　　　　　　　　　68

問題與討論Q&A　　　　　　　　　　　　　　　　84

前言

- 對於網路，要先探討一些關鍵理念，才不會人云亦云。
- 網路時代不比人多、錢多、土地多、資源多，只比誰創造的價值多。
- 台灣如何選擇一些可以成為未來世界中心的項目來發展，極關緊要。

因為現在網際網路（Internet）發展的速度實在是太快了，所以很多人都希望早一點了解網路的商機；不過，我覺得急也沒有用，最重要的是要按步就班。我們還是應該先探討一些很關鍵的理念，才不會人云亦云，甚至被這股網際網路的熱潮所淹沒。

其實，網際網路好像也沒有什麼好談的：因為在網際網路上，大家可以看的範例太多；而且，也有很多專家學者從各個角度，對網際網路的各種現象，做極為深入的剖析。網際網路最大的特色，也就是在這裡；在網際網路的世界裡面，有關如何在網際網路中做生意的資料，到處都是，資料實在太

多了。所以，本書所談的題目，只從台灣的觀點，從我們自己的觀點，來看我們在網際網路的商機。

　　網際網路當然會帶動一個新的經濟體，從我們的觀點來看，新的經濟體本身就是一個新的知識。並不是說過去沒有知識，過去的知識是要面對面來傳播，過去的知識是要透過類似書本之類的媒體來傳播；而所有的媒體，實際上都還是原子，都不是非常有效的媒體。但是，網際網路這種媒體，是透

過「位元」（bit；電腦資料的最基本單位）來傳遞，所以，它產生的影響是非常非常的大。因此，舊的一些傳統的概念、價值觀，都將受到很多的挑戰。

從現在開始，我們要有一個想法：致富之道，恐怕會和以前有所不同；也就是說，賺錢的方法，將和過去有所不同。所以，如果我過去講了一些賺錢的模式，可能受到網際網路的影響，已經不靈光了，請大家不一定要採行；但是，可能有一些原則還是有用的，因為，有很多的基本原則是不變的。

從台灣的角度來看，我們未來在網際網路中所扮演的角色，好像可以更積極一點。理由是，在網際網路的時代裏面，不是比誰的規模大，誰的資源多，也不是比誰的人多，誰的地大，因為網際網路是沒有國界的。最重要的是要比，在網際網路的環境裏面，我所創造出來的價值，有價值的位元。

在宏碁集團的 SoftVision 2010 裏面，有談到「創造人性化的位元」（Creating human-touch bits）；其中的關鍵就是說，我們所創造出來的這

個位元，本身是不是值錢。這個位元值不值錢，反而是網際網路時代裏面最重要；而且，這個位元是從全世界有多少人使用，來決定這個位元的價值。

所以，從台灣的立場來講，未來如何在網際網路裏面，選上一些可以變成世界中心的項目，來加以發展，可能是我們最重要的課題。也就是說，除了我們是IA（資訊家電）、IC（積體電路；半導體）、PC（個人電腦）等等很多的硬體項目的王國之外，我們在網際網路裏面，加了一些所謂的「內容產業」。而在這個內容產業裏面，到底有哪些項目，我們可以成為世界的領導者，現階段變成是我們很重要的一個課題。

何謂網路生意？

- 一種高科技／非科技的生意
- 一種新舊並陳的生意
- 目前仍無競爭障礙
- 有效利用資源，將創意執行出來
- 以知識為基礎的生意
- 超分工整合

　　我的觀點可能會顛覆一般人的認知，我認為所謂網際網路的生意，第一個就是「非科技」（Non-tech）的生意。我們絕對不要把網際網路當做是一個「高科技」（Hi-tech）的產業，當然，網際網路有部分是高科技的，但其實它的本質是一個無科技的產業。雖然在網際網路的世界裡面，有那麼多的分工、分工整合（Dis-integration）、超分工整合（Super Dis-integration），實際上它有很多是無科技的。

　　不過，無科技要產生有價值，就一定要走入「高感性」（Hi-touch），雖然是無科技，但是它是一

個高感性；對人有很多價值的那些訊息，那些位
元，就是高感性的生意。然後，不管是新的、舊的
全都改變了：一方面，實質上它產生了一種新的生
意機會，另外一方面，所有舊的產業，都可能會出
現新的型態，這個是網際網路真正帶來產業革命的
地方。

　　涉及高科技或高感性的生意，電影就是一個
活生生的例子：有些電影會運用到高科技的特
效，以營造出不可思議的視覺效果；但是，有
的電影雖然用不到高科技，卻是非常感動
人。後者就是高感性，其實，流行本身也
是一種感性；高感
性的關鍵，就在
於使人感到

窩心。要創造高感性的時候，不妨注意兩點：第一，保有創新價值的智財權（高感性的知識，還是可以有著作權）；第二，儘量結合各種以資訊科技運營的產業。

從網際網路整個產業比較長遠的觀點來看，不要以為現在少數的領先者，有什麼了不起的地方。第一

個理由是，到目前為止，大家所做的很多事情，幾乎都是千篇一律，所以它的「競爭障礙」（Entry Barrier）是很低的。所謂競爭障礙很低，就是領先者並沒有建立很高的進入門檻，變成整個網際網路產業的競爭障礙，並不是完全存在的。當然，我的看法一般人並不一定認同，但是，我覺得現在還不是見真章的時候，要見真工夫，還得要一段時間；

因為，還有很多真正的考驗，是在後面的。

　　我想網際網路的生意，並不是說起跑比別人晚了，就已經沒希望了；最重要是，你在自己所選定的「區隔市場」（Segment）中，有沒有足夠的資源？有沒有創新（Innovation）？你必須有足夠的資源（Resources），能夠把那個區隔市場做好，把它執行得非常好，這個才是真正的致勝之道。以前做一個生意要達到「臨界規模」（Critical Mass）或者「經濟規模」（Minimum Economic），所需要的資源可能比較大；但是，在網際網路的生意，有時候不是很大。當然，你所選的區隔市場，可能會影響範圍的大小，相對地，對資源的要求也會有所不同。

執行比創意更重要

　　在網際網路的生意裡面，我要強調的是執行的重要性。尤其現在在台灣能夠看到在網際網路領域中的創意（Idea），有沒有哪些是和全世界完全不一樣的創意？很少！大家的創意都千篇一律，沒有創

新；所以，創意並不值錢啦。現在有很多學生，看到這個創意、那個機會，這一些並不值錢；真正把創意非常嚴謹地執行出來，才是最重要的。所以，我對很多發明人太過看重自己的發明，也有不同的看法：發明的本身固然重要，但是發明也需要太多的執行和配合；所以，發明沒有別人的執行也是空的。點子要很嚴謹地執行出來的道理，在任何行業都是如此，不過在網路上要特別注意。

　　網際網路的生意是一個以知識為導向的新經濟。實際上，有很多的知識並不是指所謂的學問而已，是很多的「專業領域知識」（Domain Knowledge）等等；如果我們能夠把這些分散的知識，透過超分工整合，有系統地加以整理、分類，並創造成人性化的位元，我們將可在網際網路的生意中，找出一條屬於自己的道路。

網路生意的牛肉在哪裡？

- 做為媒體的網路──廣告
- 做為通路的網路──電子商務
- 做為公共設施的網路──使用費
- 做為社群的網路──會員服務
- 做為技術平台的網路──銷售／分享營收
- 做為顧問服務的網路──服務費

今天，到底網際網路的 Beef（牛肉）在哪裏？也就是說，網際網路的價值、回收在哪裏？有很多人把網際網路當成是一種新的媒體，要靠廣告來回收，這是一種看法。

有的人說，網際網路就像一個「通路」（Channel），是一個做生意的行銷管道。透過網際網路，我們建立起供應商跟顧客之間的通路，也就是把網際網路當成是一種有別於傳統通路的電子商務（e-commerce；EC），透過交易過程的手續費來回收。

另外有人把網際網路當成一種公共設施（Utility），就像水、電、電話一樣，靠使用費的收入來回收。網際網路裏面不是只有通信，通信本身就像手機，你用了它就付錢；但是，網際網路裏面有很多軟體，這些軟體就像公共設施一樣，你不用就不必付錢，用了你就得付錢。

　　網際網路的興起，自然也形成一種虛擬的新社群。你要透過網際網路來服務大家時，有類似興趣的社群的會員，是不是應該要繳一些會費？如果你可以提供這個社群，真正有興趣的一些服務的話，我們就可以從會員服務的收入來回收。

如果從一個「技術平台」（Technology Platform）的角度來看，網際網路當然需要有很多的平台：安全的機制、付款的機制、資料中心（Data Center）等等。如果只是從技術方面切入，可能是在賣相關的技術；同時，因為超分工整合的關係，該技術可能無法單獨存在，所以我和你的技術可能要合在一起，才能夠提供完整的解決方案。也就是說，以後的生意是和很多的生意結合在一起，然後再來分帳。所以，在網際網路中，這個技術就是就像軟體一樣，不是一次賣

斷，而是賣多少算多少的觀念。

　　網際網路當然也可以說是一種顧問諮詢的生意：當一些傳統的產業要把舊的生意的模式改變到新的網際網路模式時，其中可能就產生了很多新的生意模式，這裡面就可以做顧問諮詢。實質上，現在全世界都一樣，當整個舊經濟體要改成新經濟體的時候，最大的瓶頸就是人才不夠；所以，專業的顧問諮詢是現階段非常熱門的服務。當然，在可預見的未來，隨著網際網路熱潮的持續發燒，提供專業的顧問諮詢服務，是現階段都不可或缺的。

網路生意的挑戰

- 本地市場太小
- 進入障礙太低
- 創新有限
- 很難鑑價
- 股價似乎過高
- 投資或輸錢

網際網路生意的挑戰是什麼？如果從台灣的立場來看，本地市場太小了，經濟規模不夠。尤其是對知識型產業而言，在網際網路裏面，經濟規模越大，它的效益是越高，它是用指數（Exponential）的方式在成長。台灣的企業對網際網路的生意，是不得不做，因為本地市場規模太小，如果我們沒有打出去的話，實際上它的效益是比硬體差很多，這個是很大的問題。在硬體的產業，反正在台灣做IC，全世界都可以賣；但是，你在台灣做網際網路的內容（Content），能不能全世界賣？在台灣所做的網際網路服務，出了台灣要怎麼去服務這些東

西？實際上，其中的挑戰是蠻大的。

　　到目前為止，網際網路生意的競爭障礙是非常
低的。我們在台灣也還沒有看到真正創新
（Innovation）的東西；實際上，在網際網路的生意
裡面，創新是非常有限的。通常我們所看到的都是
有一些人，知道一個新的東西，就搶先進入；這只
是聞道有先後而已，稱不上是創新。好像我
先聽到、先知道這樣而已，但不是他
的東西呀；他只是把別人（主要
是美國）創新的東西，移植到
台灣，來加以執行。到底

這種移植先進國家的網際網路模式，長期而言，能不能永續（sustain）經營，是一個疑問。往往，發現新大陸不是問題的結束，而是開始。

另外一個問題是說，整個網際網路的生意模式太新了，我們要如何來評估這些網際網路的價值？美國是全球網際網路的發源地，與網際網路有關的企業很多，所以它們當然也不得不評估這些網際網路公司的價值。但是，評估的結果也往往是各說各話，沒有絕對的定論。

就算在美國那斯達克（NASDAQ）股市中，網際網路股的股價

很高；但是，你問很多眞正在銀行界、產業界比較資深的人，他們都說看不懂爲什麼。實際上，就算看懂，認爲其中某些營運模式有那個價值；但是，有多少是值得的？有人是抱著賭一賭再說的心態而進場買股票的？所以，因爲美國那麼大，只要美國有一小群人賭起來的話，那個錢就很多很多了。

　　所以，整個發展到現在，就已經進入所謂的盤整期了。也就是說現在投資者已經在調整了：到底眞正合理的估價（Evaluation）是多少？何況美國是那麼大的經濟體，做

同樣的東西，她的效益跟台灣是完全不一樣的；所以，如果我們認爲在台灣的評價要跟美國一樣，也是絕對不通的。但是，我們有多少人有這麼樣的一個期待（Expectation）；認爲網際網路在美國是怎麼樣，台灣、亞洲就應該怎麼樣，我想這是不切實際的。

　　我到大陸去考察的時候，發現電視台也在談論有關網際網路的題目；很明顯地，所有評論的學者、專家都認爲：這種一窩蜂的風潮，是有問題的。香港也有同樣的情形，他們有 Gem（創業版）這個市場，他們就發現，這個市場也沒有什麼用，根本是有行無市，根本就沒有市場。唯一有市場交易，能夠撐在那邊的，就只是幾個大財團；反正，對大財團來講，那筆錢是很小、有限的。所以，他把股價定在那裏；他不賣，價錢就在那邊，如果有人買，他就炒高股價。所以，像香港那個市場，對網際網路概念股的價位，也完全沒有代表性；沒有流動性的股價，都沒有什麼代表性。

為什麼大家都會認為整個網際網路概念股的價錢，看起來好像偏高了？這裡面有一個道理，是遵照管理的法則在推論。在管理學或者財務學裡面，都有一條線：一個新事業在創立時，通常會先投入現金，反正先虧了，後面再來回收。網際網路因為後來的回收這麼高，所以前期就一定要不斷地燒錢，到底是輸錢？還是投資？搞不清楚，真的是搞不清楚。因為，大部分的網際網路公司，在對整個營收模式、生意模式（Business model）等等，有時候都還搞不清楚的時候，就已經大張旗鼓的投資；所以，這是我們最大的一個挑戰。

表一　推動網路經濟的三個關鍵

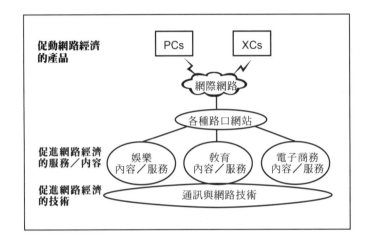

依我看，要進入新的「數位經濟」（Digital Economy），我們有三個關鍵的東西，是同時要存在的。

第一，是要使這個經濟體活絡、發展的產品，我們一定要讓使用者用這個工具，就像用電話一樣的自然。這個能讓每一個人來介入這個經濟體的「促動網路經濟的產品」（Enabling Products），早期叫 PC（個人電腦），未來不管叫資訊家電或者手機或者什麼都可以。這一項產品，當然對台灣的企業

來講，是比較容易做到的。在這一點上，台灣不利的是：如果未來的產品不是像 PC 這種理性的東西，而是類似 XC 這種感性的東西的時候，我們是否還有機會？

第二項就是「促動網路經濟的服務／內容」（Enabling Service／content）：就是說，我們要透過網際網路的服務或者內容，讓消費者感覺到很方便、很有

用。這裡要建立一個網際網路的機制，透過「入口網站」（Portals）的機制，提供包括電子商務（E-business）、教育（Education）以及娛樂（Entertainment），這三個E，這三個方面的內容及服務。台灣在這方面的弱點是：本土市場太小。如此，做一些顧客關係的服務工作還好，如果要做服務背後的技術平台，則有困難；不是乾脆用別人的，就是要開發之後再設法外銷。

　　　　　　第三項就是「促動網路經濟的技術」（Enabling Technology）：有太多的軟體、通訊，甚至於安全的機制、付款的機制等等，這些都是一種促動網路經濟的技術。我們必須要建立在這個技術的基礎架構上，才有機會讓軟體的服務及硬體的產品，能夠有效、普及地應用。這是台灣比較弱的，可能要直接引進國外的，像通訊市場一樣；除非在別人的技術上，做些本土化的調整。

亞洲發展e產品的策略

- 借重個人電腦與相關零組件技術，
  發展促動網路經濟的產品（enabling product），
- 成為全球主要的製造基地
  借重亞洲的半導體製造，發展資訊家電（IA）、專用電腦（X-computers；XC）
  與系統單晶片（system on chip；SOC），推動網路生活

　　根據前面電子商務、教育及娛樂這三個方面，我就提出亞洲發展e產品的策略：首先，我們當然要利用台灣企業現有 PC 和相關零組件的技術，發展出促動網路經濟的產品，使台灣變成全球主要的製造基地及供應中心，換句話說，成為 e 商品中傳統有形電子產品的全球供應中心。我想這是比較簡單的模式。但是，為了這個策略，實際上，它的附加價值是受到限制的；雖然我們可以得到產能，但是利潤是非常有限的。不過，好處是它是全球（Global）的，可以把全球的量加起來。

　　另外一個，就是再增高附加價值。譬如說，

「系統單晶片」（System on chip；SOC），就是說在 IC 裏面要放入「崁入式軟體」（Embedded Software），把系統所需要的一些軟體和 IC 做在一起；如此一來，就能夠提高整體的附加價值了。換言之，就是在產品方面，借重智慧型 IC 、軟體等附加價值，來支援這些促動網路經濟的產品，進而推動網路生活。換句話說，就是在 e 產品裡增加感性的附加價值，尤其是針對中文、華人市場。

亞洲發展e技術的策略

- 透過授權或策略聯盟以借重全球技術領導者
- 集中發展本地所需要的獨特技術，或是有機會成為世界領導者的技術
- 快速適從全球產業標準

我不斷地強調：產品、技術可以是全球的，服務則是當地的。所以，很簡單，我們所使用的 技術，一定是世界最領先的，不能自己閉門造車。早期，當我們要做某件事情的時候，往往自己研究開發一個技術；雖然可能可以自行開發出來，但是可能開發的成本太高，跟競爭者的技術比較的話，相對的效益可能差很多。甚至，如果這些技術還有所謂「相容性」（Compatibility）的爭論的話，問題就更多了。

因為網際網路比 PC 更厲害的地方是，網際網路是彼此互聯的。當然，網際網路的協定（Protocol）比較單純；但是，它的技術是不是世界的主流，就

會變成非常的重要。所以，如何透過授權（License）或者借重（Leverage）與全球相關技術領先者的策略聯盟，取得相關的技術，在利用這個技術當基礎，是我們發展e技術時，很重要的一個策略。

　　要不然，你就自己鎖定某個區隔市場，集中發展當地所需要的獨特技術，或是有機會變成世界領導者的技術，當然也許是有機會的。因為，網際網路的範圍實在是太廣泛了，有一些，比如說中文的「蒐尋引擎」（Search Engine），可能是美國人比較不專長的領域，就值得開發；萬一美國人做的比我們好，那只好認了，但是，我們不太希望發生這樣的結果。如果我們做的比人家好的

話，在 2 bytes（位元組；亞洲的象形文字在電腦中是採用 2個位元組來代表每一個字）的領域中，我們可能就變成全世界最領先的技術；也就是說，我們要專注在某些特定利基的領域。

在技術的開發中，一定要用全球產業標準的規格。除非是我們不重視其他市場，或是這個技術太貴了，又沒有標準可言，是包在裏面的，無所謂；我自己做，不會妨礙標準，不會妨礙我的性能，可以降低成本，又方便做組態（Configuration）等等的那種技術。我不曉得有多少的技術

是 屬 於 我 這 一 類

的？如果有的話，那當然值得做；不過，最好要看
說，是自己做比較便宜？還是跟人家買比較便宜？
如果到時候發現說，自己做不見得有競爭力的話，
那就算了吧；很多事情乾脆認了，也絕對沒有必要
打腫臉充胖子。

亞洲發展e服務的策略

- 成為世界重量級公司的夥伴（技術、經營模式、品牌）
- 投資重心置於顧客關係管理與發展本地化的內容
- 加強獨特的本地化經營模式

因為服務是當地化的，是和客戶做直接的溝通的，另一方面，當然因為網際網路是無國界、全球的；所以，如果能夠成為世界重量級公司（Global Player）的夥伴，可能可以引進他的技術，

以及所謂動態的經營模式（Business Model）。我們為什麼要和他們合作？主要是，他們在那個領域已經做那麼久了，擁有很多經驗了；我們合作的目的，是要能夠借重他們做生意的經驗，然後，再依本地的特殊需求，再來調整，發展成本地化的模式。

或者，一開始我們可能就是要借重他的品牌知名度；因為，如果從另外一個角度來看，未來在網

際網路做生意，品牌的競爭，比實體世界還要高。
這裡有兩個理由，一個是說，現在網際網路中的網
站，實在是太多了，太擁擠了；所以，品牌變成越
來越重要。第二個是說，因為網際網路是無形的東
西，電子商務會變得很頻繁；這裡面的交易都是靠
信用，比在實體世界中更重要。在實體世界中，買
一個東西，反正便宜，而且我看得見，看起來不會
有問題，我就買了；以後，在電子商務裡面，看不
見實物，所以，好的品牌形象，就變得非常的重
要。

　　網際網路如果做服務，當然「顧客關係管

理」（Customer Relationship Management；CRM）是最重要的；此外，你所提供的服務和資訊內容，是要和當地有關的。所以，我們雖然一方面談網際網路是無國界（Borderless）的，實質上，只有它的技術是無國界的；真正談到服務的話，如果你沒有滿足到當地特殊的需求，或者那個區隔市場的需求，等於就是無效的。

我們往往在本地空談：美國現在怎麼樣怎麼樣。其實，由於語言及時空的障礙，只有少數的人，因為他們在美國有帳戶，對美國客觀環境很熟悉，可以直接享受美國那些網際網路的成果、服務。並不是本地的每一個人，都能夠直接和美國聯繫的，做不到，當然就不能夠享受無國界的好處；所以，在服務方面，還是要考量到當地市場的需求，發展當地化的內容，加強當地化獨特的經營模式。

網際網路的商機

- 每個人都有新機會
- 有更大的創新空間
- 本地的優勢
- 用相對較少的資源就可以永續經營
- 做對了可能就會有很高的回收

在網際網路裏面，有很多新的生意機會，因為是從頭來的，每一個人大概都有新的機會。前面我有提到，到今天，台灣並沒有創新的模式；但是，實際上，因為超分工整合，未來的生意模式，未來的做法，也是因為以前沒有太多的創新，所以還有很多創新的空間。因為，剛開始，有很多的創新可以發揮。前面講了很多次了，做生意沒有創新，就沒有價值，所以我們要把握這個創新的機會及空間。還好，反正在服務的領域中，當地的地頭蛇，基本上就有一些在地的優勢（Local advantage）。

在網際網路裡面，你要生存，相對地是比較容

易的；因為，永續經營需要的資源相對地是比較少
的。下面這個比喻不一定很正確，譬如說，開工廠
就必須要有一定的規模；不過，如果開小店、路邊
攤的話，即使我們不談適法性，稅的問題等等，你
看有多少人是可以永續經營（Sustain）的？好像小
攤子，弄個五十年、一百年的沒什麼問題，比工廠
的壽命還長；這就是這種生意的特質：雖然小，他

還是能夠持續經營。這裡就存在一個弔詭的問題了：到底企業經營的目的是要永續經營？還是要做大，轟轟烈烈，然後垮掉？這就牽涉到每一個人的價值觀了。

在網際網路超分工整合的過程中，可能有很多的區隔市場，就像擺路攤一樣：可能就是一個人來做，別人就需要他這個服務，因為他是和別人分工，他一直可以經營下去。所不同的是，擺路邊攤，就是只服務附近每天來吃的那幾家人；未來在網際網路做服務，可能面對的是不同的客群。如果做的很好呢，是很大的區域；那些需要他服務的人，來自世界各處，客戶不一定多，不過分散很廣。所以，他需要一個很獨特的服務，才能建立自己在整個網際網路裡面，超分工整合體

系中的價值。

　　我最近也在想：為什麼叫分工整合？或者超分工整合？跟以前的分工有什麼不一樣？傳統工廠的生產線有沒有在分工？從第一站到最後也是分工

啊；以前的分工，沒有被整合起來的那個片段，自己是無法獨立生存的。我們現在在談所謂的分工整合、超分工整合或者垂直分工整合，它所代表的意義是，它原來就是一個「端對端」（End-to-End）的生意模式；在整個「價值鏈」（Value Chain）裡面，被分成無數多個分工，每一個分工是單獨變成一個生意，而獨立生存的。兩者的差異處就是在這裏。

分工的這個概念，是整個有效做事的一種模式。但是，以前的分工，在工廠的分工是，我這個分工，只有一個上游，只有一個下游；因此，自然就流過來了。客戶是固定的，供應商也一樣。在分工整合、超分工整合裏面，每一個分工的上游是不固定的，來自各方，它的下游也是來自各方；每一個分工都是獨立的，就

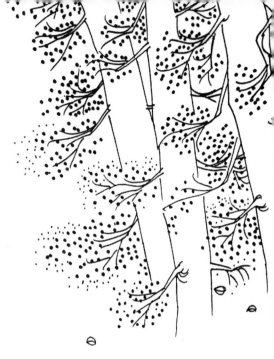

像一個單位。這樣分工的概念，在網際網路裡面，
變成是非常普及的情況。

　　另外一個就是，因為它是無形的商品；所以，
在量化、複製的時候，是不需要太多成本的。但
是，因為它的單價是已經存在了，所以，只要做對
了方向，打一個 Home Run（全壘打）
的話，它的得分是非常非常高的。

網路經濟的價值創造

- 總交易量 vs. 價值的創造
- 所有的價值由創造價值的人共同分享
- 贏家通吃（吃到什麼？）
- 無數的區隔市場可以創造新的價值
- 主要的機會是利用網路降低現行運作的成本
- 利用施振榮的競爭力公式檢視新經濟中所創造的價值

在網際網路的經濟裏面，它的價值是怎麼樣產生的？這是一個很關鍵的問題，也是我們要進入網際網路的生意裡面，必須先理清的問題。

最近，我常常在想一件事情：每個人都說 B2B（企業對企業的電子商務）的市場很大，很重要，B2C（企業對消費者的電子商務）的規模很小，又不賺錢；所以，要把資源專注到 B2B 的模式。因為 B2B 的市場規模都是以兆計，B2C 哪裏有那麼多。

但是，我卻發現，在網際網路的電子商務中，應該不是用總交易量（Transaction Amount）來思考它的附加價值；而是用它所創造的價值來衡量。也

就是說，我們應該衡量的標的是：當完成一筆電子交易（Electrical Transaction）的時候，它所能夠收取的手續費是多少；而不是說，那一筆交易所牽涉的總交易金額是多少。

我想，持有這種看法的人，應該是佔少數的。因為，我看所有的報告，都在談 B2B 的規模有多少兆（Trillion）、市場有多大，比 B2C 大了多少倍等等；但是，到底哪一個是有道理的？我也不清楚。因為，我沒有在那些報告、報紙裏面，看過和我一樣的論調；那到底誰是對的？所以，如果我的論調是對的，這個就很危險喔，還好我的看法不一定是對的。但是，如果我是對的話，表示整

個社會所充滿的訊息，都是在誤導大家！所以，我們要不要小心？要不要用一些方法，多了解以後，自己有一些想法，知道怎麼才是眞正會存活。

如果拿 B2B 和 B2C 相比，我認爲還是要先做 B2B，理由是基於B2C 要有客戶關係的資料庫，B2B 則是對行家；所以，B2B 的業務比較容易做，客戶也比較集中，做起來比較容易追求效率。長期而言，B2B 做完了之後，還是要做 B2C；像 Intel 推動的Intel Inside，就是最好的例子。

我們一定要知道：在網際網路裏面，應該從創造價值的角度來看事情，而不僅是用收入（Revenue）來衡量；然後，才可以談到市場佔有率（Market Share）的問題。以前做生意的觀念是說，我做了這個產品，市場佔有率是多少。現在，應該是在談你創造了多少的價值；然後，你在這個創造的過程中，有多少人參與？你佔了多少的比重？這樣一個概念。

產品的知識含量比較少的時候，不免以有形市場的佔有率來看；但是，當產品的知識含量比較多

的時候，以有形市場的佔有率來看，就不準。工業局以前鼓勵提高自製率，後來則強調提高附加價值率，可以當作一個對照的例子，它們有異曲同工之妙。所以我說價值佔有率，應該是以其價值為權數，光談市場佔有率是沒有意義的。

另外，還有一個論調，令人很擔心。每次我被問到：現在網際網路的遊戲規則（Game Rule）很簡單，贏家通吃，誰贏了就把整個市場都吃掉；我也無法反駁，好像是對呀。不過，我就反問說，有什麼好怕的？吃掉什麼？吃掉負數，輸的更多；吃掉零，等於是做虛工。所以，吃掉什麼並不是重點；你吃掉了，我就給你好了。網際網路的好處就是，我可以重新另起爐灶，再創造一個新的領域，一個新的生意機會。

所以，當大家都說「入口網站」（Portal）很重要，每一個人都要做入口網站的時候，我倒懷疑，在網際網路的生意裡面，這個是不是正確？因為每

個環節，都是要重新定位的。所以，我一直強調是網際網路的生意中有無數的區隔市場（Unlimited Segments）；因為，超分工整合的關係，所以，有太多的區隔市場，都可以再創造出新的價值。

其實，有一個很現成的生意就是：現有的作業（Operation）裏面，透過新的網際網路的機制、技術，到底能夠降低多少成本？畢竟，降低成本比較容易，開創市場是不容易的。而且，台灣的企業最有本領的地方是，像 PC 之類的硬體，全世界的市場已經存在了，我來降低成本，我賺降低成本所分到的那一塊錢。台灣真正要創造價值，尤其開拓國際市場，實在很不容易。PC 之所以能夠成功，是因為 WinTel（微軟及英代

爾）把市場都開拓好了，我們只是把它的成本做得很低而已。

如果從這個理論來講，你做生意的話，要去多開拓一個客戶，或者要跟客戶多要一點錢，有多難；求人不如求己，自己來降低成本，實際上，反而是比較快的；只是說，你的空間是有限的。所以，我們也希望鼓勵大家，儘量去創造價值。實質上，在網際網路裏面，就有很多現成可以降低成本的空間。這裏面有一個值得深思的地方： 如果我現有的客戶是佔百分之九十九，新的生意的機會是佔百分之一；只要我可以利用網際網路這個工具，把現有客戶的成本降低百分之五的話，所產生現有的價值（Total Available Value），是不會輸給新的生意機會的。

所以，當你在思考網際網路這個經濟體的時候，我也認為那個競爭力公式，也可以照用；就看你在做這件事情創造了多少的價值，你為了這個事情投資多少的成本。當然，這裏面有直接、間接、時間等等因素，都要考慮在裏面。

台灣的網路生意（I）

- 成功的模式將與美國模式有所不同
  ——個人電腦與半導體產業就是例子
  ——需要發展出一種獨特的方法

- 成功的模式將與個人電腦、半導體模式有所不同
  ——全球市場 vs. 本地市場
  ——「me too」空間小
  ——OEM／ODM vs. 品牌
  ——製造 vs. 行銷

這裏我要提出的是，在台灣網際網路未來的成功模式，還沒有存在。理由是，我們至少看過台灣兩個現在最大的生意機會：PC（個人電腦）和 IC（半導體）產業，兩者在台灣成功的模式，跟美國成功的模式，完全是不一樣；而且，美國成功了以後，並沒有同時在台灣發生，而是幾年之後，才在台灣以不同的模式成功。

比如說，1985 年前後，ComputerLand 最成

功，是全世界最好的電腦零售通路；不過，現在在
台灣是聯強最強，當然整個業務已經轉型了，做生
意的模式也完全不一樣。所以，一個成功的模式，
會隨著時空的轉換，而有所變化的。美國有多少的
PC 公司、IC 公司，經過了十年、二十年以後，還
存留下來？即使是這些還在世界上立足的美國企
業，他們的競爭力和台灣在這個產業生存的企業的
競爭力，也是有差異的。

　　譬如說，台灣半導體產業的龍頭 TSMC（台積
電）的競爭力和 Intel（美商英代爾）、TI（美商德
州儀器）是不是一樣？完全不一樣！台灣個人電腦
產業的龍頭宏碁的競爭力和 Dell（美商戴爾）跟
Compaq（美商康柏）、HP（美商惠普）
是不是一樣？完全不一樣！所
以，我要特別強調，我

相信網際網路在台灣發生之後，它成功的模式一定會有不一樣；我們有過去半導體及個人電腦產業的經驗，再來發展網際網路產業，應該可以從中學習到一些經驗吧。

不過，很不幸的，網際網路和半導體及個人電腦產業，完全又不一樣。理由是：雖然技術和產品是全球性的，而且網際網路初期，大部分的經營模式也是著重在技術方面；但是，相對的，技術也是全球性的競爭，台灣到底有多少的空間？我相信不是特別大。此外，網際網路長期的經營，又必須借重於服務，而服務又是屬於本地的競爭力。所以，我們在經營網際網路的生意時，等於必須同時面臨短期來自於全球的挑戰，以及長期來自於本土的挑戰。

過去，台灣在做 OEM（原廠委託製造）、ODM（原廠委託設計製造）的時候，每一個產業，有五到十家的倖存者，可以存下來的；當然，最後面的幾家，利潤就比較差。為什麼？因為他是跟國外 OEM 客戶合作配合的：當市場在競爭的時候，

國外的 OEM 客戶，就會在台灣找一些合作的對象，不只一家，是多家，市場自然產生。所以，me-too 的模式，很容易存活：Mother Board（主機板）、PC（個人電腦）、TFT LCD（液晶顯示器）等等，都是 me-too 的模式；反正，只要是 me-too，到底是誰生產的都無所謂。現在，在網際網路的生意，me-too 可以生存的空間，少了很多很多，這個是第二個不同。

第三個不同就是，做網際網路的生意一定要打品牌形象。以前做 OEM、ODM 的生意，品牌並不是主要的競爭力因素，兩者有完全不一樣的遊戲規則（Game Rule）；所以，要面對的挑戰是很多的。另外一個，過去半導體及個人電腦產業，它的核心競爭力（Core Competence）都是製造（Manufacturing）；現在，網際網路的核心競爭力，則是服務（Service）及行銷（Marketing），這個也是極大的差別。所以，我們幾乎可以斷言：在台灣的網際網路產業的成功模式，將與個人電腦、半導體模式有所不同。

台灣的網路生意（II）

- 網路做為工具與網路做為生意同等重要
- 僅將名稱改為 .COM 還不夠
- 投資網路公司風險很高，除非你懂或需要
- 當市場相對較小，投資也應該相對較小
- 促動網路經濟的產品與技術屬全球市場，促動網路經濟的服務則以區域化為主

當我們將網際網路當成是一個工具（Tool），它的發展空間，可能不輸給只把它當作是一個網路，反而可以開創出一個新的事業。但是，現在大多數人都把網際網路當成一個新事業來思考，而忽略網路做為工具的重要性。實質上，從另外一個角度來看，比如說，宏碁本身為了做 B2B 的生意，成立了外面的公司，做專業的投資；但是，內部也要解決 B2B 的問題，我們所投入的資金、人力，就遠超過做生意的投資了。理由是，現在新的生意不做也沒關係，但是，現在的營運，如果沒有用網際網路來提昇效率的話，可能所有的生意都垮掉了，沒有競爭力了，這個根本輸不起。所以，將網際網路

做為工具（Internet as a Tool），實際上比做為生意更是重要。

由於網際網路所帶來的投資熱潮，使得很多公司都把名字改成 .com；實際上，可能對心態是有所幫助。因為，香港最流行了，連房地產的公司都將名稱改為 .com；但是，我覺得只是改個名稱是絕對沒有用的。

現在，投資於網際網路的公司，如果是將網際網路做為工具，本來就是整個企業營運效率（Operation Efficiency）的持續改善

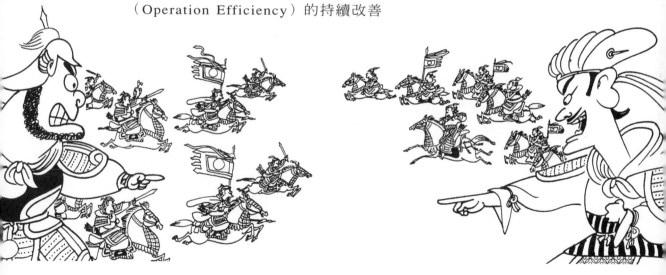

（Continuing Improvement），那是沒有問題的。但是如果是投資到一家新的網際網路公司，是把網際網路視為公司的生意，這就是一個高風險（High-Risk）的投資，值得三思。除非你懂這個生意、有需要、或者別無選擇；就像我在二十五年前創業時一樣，反正我讀電子，不做電子業，也沒有其他路可以走，只好創業。如果有很多學生，反正書讀了半天，只懂網際網路的話，就只好認了，只做網際網路；還好，未來會很有前途，沒有關係。所以，你一定要懂，而且也是你所需要的；否則，不要去跟人家趕流行。

　　因為網際網
路的市場還很小，所有的
投資一定要量力而為，絕對不可過度投資
（Over Investment）。我個人認為：燒錢，絕對是失
策的。因為，如果錢燒掉而沒有回收的話，今天好
像是走在網際網路潮流的前端，但到最後還是成仁
得比別人更快一點。所以，市場那麼小，所投入的
資源，還是要相對地配合當時市場的規模。

總結

- 負擔得起的投資金額，學習知識技術，掌握網路機會
- 發展獨特、具競爭的核心能力，使得投資的價值得以永續
- 合併、購併將是網路生意的常態
- 專注與多角化要維持平衡
- 有效的執行比有創意或速度都要來得重要

　　雖然說要投資網際網路，一定是要負擔得起的投資金額；但是，不投資，不介入網際網路的話，根本不可能知道其中的訣竅（Know-how）。所以，你一定要介入，不過，最好不要把它當成是一個非勝不可的業務來經營。還好，在現在網際網路新經濟的時代，不管是美國還是台灣，很多年輕朋友相繼投入網際網路的創業熱潮中；反正，錢也不是他的，所以是負擔得起（Affordable）。因此，他也有機會學習相關的知識及技術，掌握網際網路發展的機會。但是，如果自己是投資者的話，這個創業就不是負擔得起的投資；我覺得，實質上就是不可行的。實際上，這個道理都可以應用到所有的高科技

或新興的產業。

其實，在三十年前，美國剛開始有所謂「風險投資」（Venture Capital；創投）法令的時候，第一個，它規定要籌資（Raise Capital）的時候，都是要投資者負擔得起的金額；甚至要正式籌資的協議書裏面，要註明這個錢是有風險的，可能會一去不回，這些都要告知投資者。第二個，你要找的投資者，一定是要有錢的單位，不能隨便找一個沒有錢的人，就請他來投資了，這些都規範在風險投資裏面。

很明顯地，就網際網路現在的狀況，應該是屬於風險投資的一環；所以，一定要考慮到負擔得起這個原則。主要就是因為網際網路必須借

重全球的技術，同時也必須借重本地及全球的產品；但是，網際網路的生意，如果是以網路服務而言，就應該以本地化爲主，發展出非常獨特的競爭力（Unique Competence），才能有機會長期、永續的發展。

接下來這個很重要的概念，是和超分工整合及網際網路特別有關的，而且也跟 me-too 也有關連性：我認爲在網際網路裏面，區隔市場那麼多，而

且經營模式（Business model）也是不定型的；所以，將來是怎麼樣的組合所形成的？或者是包含合作、合併等模式所組合成的經營模式，才是讓這個生意可以永續經營？目前不是很清楚。

所以，在投資的過程裏面，只有一個是可以靠得住的，就是你所投資的東西，相對於別人的投資，在那個領域裏面是比較領先的。所謂領先是什麼意思？因為網際網路是超分工整合，所以，你是在很小的分工裏面；如果，你是領先者，你那個分工就產生了價值，有機會當成關鍵的因素。當有人要湊成一個成功的經營模式，剛好缺你這一塊關鍵的因素，這時候才值錢啊。

如果說你什麼都有，不過，每一次別人要成形的時候，都沒有找你；夢幻團隊（Dream Team）沒有找到你，那你所做的研發，等於是浪費掉。所以，合併（Merge）、併購（Acquisition），在網際網路的生意裡面，會變成是一種常態；不只是為了生存，而是贏的時候還要贏的更多，或者活不下去的時候，要尋求活命的話，一定會產生這種超分工整

合的合作模式。所以，關鍵就是你有沒有擁有一個分工，是屬於比較有價值的。

一個集團如果規模要擴大，就必須多角化（Diversify）經營，但是在網際網路中，又要專注（Focus）於研發核心競爭力（Core Competence）；所以，專注和多角化之間要維持平衡。從另外一個角度來看，我雖然很專注，但是對於我所專注的多元化市場，也要去了解。如果我發展出網際網路的核心競爭力，而且是專注於某一個區隔市場；對於整個網際網路本身、市場的動態、客戶的多元化，也都要了解，這個是網際網路生意的特質。因為，網際網路是多元的，所以，雖然你所做的分工是很專注的；但是，你對大環境的多元性，要有所掌握；否則，就會錯過很多的機會。

實際上，因為網際網路是十倍速的時代，今天

好像談網際網路，就是快；其實除了快以外，也要對，要做對事情。當然，整個網際網路的環境，是需要快；但是，我感覺大家一味思考快的話，也是一個盲點。今天快了一個月，後面的執行拖了幾個月，有什麼用？所以，我認為有效的執行，是比創意或速度都來得重要。從另外一個角度來看，快似乎就比較容易做錯；如果你先做對的話，然後把它執行得很好、很有效，最後的結果是更快。

我認為，任何事情，構想的本身並不能產生任何障礙，只有執行才有，在網際網路的時代更是如此。網路時代，再領先的觀念也只能領先半年；所以，最重要的應該是先把構想有效地執行出來，然後再運用資訊科技不斷地加以運用，這才能突顯知識經濟的特色。

孫子兵法
實虛篇

孫子曰：

凡先處戰地而待戰者佚，後處戰地而趨戰者勞。故善戰者，致人而不致於人。能使敵自至者，利之也；能使敵不得至者，害之也。故敵佚能勞之，飽能飢之者，出於其所必趨也；行千里而不畏，行無人之地也。攻而必取，攻其所不守也；守而必固，守其所必攻也。故善攻者，敵不知所守；善守者，敵不知所攻。微乎微乎，故能隱於常形；神乎神乎，故能為敵司命。

進不可迎者，衝其虛也；退不可止者，遠而不可及也。故我欲戰，敵雖高壘深溝，不得不與我戰者，攻其所必救也；我不欲戰，畫地而守之，敵不得與我戰者，詐其所之也。

故善將者，形人而無形，則我專而敵分。我專而為一，敵分而為十，是以十擊一也。我寡而敵眾：能以寡擊眾，則吾所與戰之地不可知，則敵之所備者多；所備者多，則所戰者寡矣。備前者後寡，備後者前寡；備左者右寡，備右者左寡；無不備者無不寡。寡者，備人者也；眾者，使人備己者也。

知戰之日，知戰之地，千里而戰；不知戰之日，不知戰之地，則前不能救後，後不能救前，左不能救右，右不能救左；況遠者數十里，近者數里乎？以吾度之，越人之兵雖多，亦奚益於勝哉！故曰：勝，可擅也；敵雖眾，可無鬥也。故積之而知動靜之理，形之而知死生之地，計之而知得失之策，角之而知有餘不足之處。

形兵之極，至於無形；則深間弗能窺也，智者弗能謀也。因形而措勝於眾，眾不能知，人皆知我所以勝之形，而莫知吾所以制勝之形。故其戰勝不復，而應形於無窮。夫兵形象水：水行，避高而走下；兵勝，避實而擊虛。故水因地而制行，兵因敵而制勝。兵無成勢，無恒形，能與敵化，之謂神。五行無恒勝，四時無常立；日有短長，月有死生。

※本書孫子兵法採用朔雪寒校勘版本

凡先處戰地而待戰者佚，後處戰地而趨戰者勞。

　　網路經濟這幾年才開始蓬勃發展，我們該朝向什麼路徑行動才能先人一步抵達戰場，是個很大的課題。但現在的問題是：非戰不可，但戰場在哪裡還不知道。因此我們做兩件事情：一是先派兵去探查，二是練兵。

　　我們推動虛擬公司，可以說是在練兵這個戰場上捷足先登。別人是先成立公司，再成立團隊。而我們則是在公司還沒成立之前，已經先一步成立了團隊。

致人而不致於人

凡先到達戰地等待敵人的，就居於從容主動地位，

後到達戰地而倉促應戰的，就居於疲勞被動。

所以善於用兵作戰者，總是支配敵人，而不被敵人支配。

過來過來！過來呀！

善戰者，致人而不致於人。

　　因此要不受制於人，可以從另一個角度思考，那就是要有一些『不救』。聯網組織發展的，就是可以『不救』的組織。在此，我們已預先把一些最壞的情況都考慮進去，這樣在必須壯士斷腕的時候，也不致於影響根本。既不致於影響根本，則敵人自然無法利用我們所『不救』的組織來牽制我們的行動。近幾年來，我便一直在思考如何使組織上有可以『不救』的部份。

嘻嘻

要使敵人來我預定之決戰地點，是以利引誘的結果；

要使敵人不敢來，必設治防害之，叫他不敢來。

所以敵欲休息，則設治使之疲於奔命；敵欲溫飽，則設治使之饑餓；敵如安處不動，則設治使之移動，俾中我計。

故善將者，形人而無形，則我專而敵分。我專而為一，敵分而為十，是以十擊一也。

　　這是強調專精的重要，強調如何分化敵人在數量上的優勢，再集中力量攻取其中的一個部份。

　　宏碁的資源雖然多，但是如果做太多事情，就會備多力分，犯下這種錯誤。所以，孫子的這句話應該告訴很多公司不必怕宏碁。

我專敵分

虛張聲勢，使敵人莫測我之虛實，則能做到我兵力集中，而敵人的兵力分散。

主力在這裡。

我之兵力集中一處，敵人的兵力分散十處，這樣就能以十倍的力量打擊敵人。

以人數多攻擊人數少，則與我交戰之對象就弱小易制了。

力量被分散了，打不贏他了⋯⋯

「我專敵分」乃是在一定時間、空間內，將最大戰力置於決勝點上，對敵實行決定性之打擊，而發揮絕對的優勢。

夫兵形象水：水行，避高而走下；兵勝，避實而擊虛。

宏碁在美國就反其道而行，以虛擊實，或者說，以卵擊石。換句話說，敵我情勢判斷有誤，沒有保護自己的弱點。

孫子講的道理是非常顯而易見的。但是為什麼卻經常有人常犯？這有兩個原因：一是對敵方了解不夠，一是對自己高估。網路時代，到處都是戰場，很多人感受到時間的壓力，認為不卡位不行，結果就混戰一場，沒辦法站在高處綜觀全局，沒辦法充分思考，結果空忙一場。

故水因地而制行，兵因敵而制勝。

其中「兵因敵而制勝」強調取勝之道絕非一成不變，而是要看敵人是什麼人，什麼狀態才定取勝之道。

如果這敵指的是同業，那麼我們比較少敵我的觀念。用圍棋來比喻，我們的重點不在拚殺大龍，而在多圍佔一些地。我們經營企業，首重把自己做好，競爭對手如果做得也不錯，雙方可以共存共榮，也很好。

如果這敵指的是廣義的市場，則針對不同時間的不同市場，我們會設定不同的做法。有的時候我們會善用我們的品牌優勢，有的時候我們會善用我們的通路優勢。

兵無成勢，無恒形，能與敵化，之謂神。

　　一場關鍵性的行動必須知道主要的戰爭將發生在何時，發生於何地。因此一個亞洲的企業領導人在面對未來的網路經濟時，要先思考如何先處於有利位置。

　　在網路經濟上，美國是先知先覺。我們是後知後覺。所以我們要先了解美國的發展。先了解，但不要馬上大軍開出。大軍開出，機會固然大，但是出師不利，折了銳氣也不行。試探性地出馬則無妨。我認為亞洲.com經濟的規模不大，所以重要的是先佔有利位置。對我來說，這個有利位置就是先把企業e化，培養人才，建立典範。

春夏秋冬，交替更迭：

日有長有短。

月有圓有缺。

用兵之道，沒有一定的法則，就像水一樣，因地形而改變其流向，故用兵無常形，避實擊虛，隨時依敵情變化，而變化我之奇正。

攻而必取，攻其所不守也；守而必固，守其所必攻也。

　　身為一個亞洲企業經營者，要掌握其自身地域的優勢。在這一點上，大陸市場很重要。但目前他們的市場還要再擴大，而他們本地人才還不夠現代化，這些就是台灣企業家的機會。

知戰之日，知戰之地，千里而戰；不知戰之日，不知戰之地，則前不能救後，後不能救前，左不能救右，右不能救左；況遠者數十里，近者數里乎？

　　網路經濟會在甚麼時間、地點面臨最重要的關鍵，美國人認為：以網路經濟的規模，和應用的把握，2年後是關鍵。為了面對這個關鍵，他們很多公司已經在de-capitalize了。台灣的情況，則會比美國晚一些。但再晚也不會晚過二、三年。

　　電腦與網路都是從美國開始發展的，華人思考如何達到「後人發先人至」，制人而不受制於人，就要明白一點：我們既然是後知後覺，就應該利用美國的經驗，趁美國忙於自己國內市場之際，來執行亞洲所需要的事業。如此主導，來日等他們要來亞洲的時候，不能不找我們合作，如此就可不受制於人。

問題與討論
Q&A

Q1 網路公司的核心競爭力應該如何定義？如果是一家沒有高科技，而是高感性的網路公司，這種『核心競爭力』何在？

A 我覺得這還是要看我的競爭力公式：競爭力＝價值／成本，所謂的競爭力是要看價值和成本之比。實際上，越能掌握對市場、用戶有價值的知識、品牌形象、或團隊人才，就越有價值；越能掌握客戶的需求和脈動，就越有價值。而在成本方面，則要看是不是能夠因為掌握技術、規模、環境，而可以做到比別人降低更多的成本。只要企業能夠提高價值，降低成本，自然就會形成核心競爭力。

Q2 **要如何評估一家網路公司真正的價值？**

A 因為我自己在這方面的經驗不多，所以無法很權威地回答這個問題；但是，我想經營一個企業應該還是會有一些基本的條件。現在的投資者，主要都是從網站經營的操作面來看，大家都是在談該網站有多少的會員數？多少的點選率？多少的頁面瀏覽率（Page View）？等等，這些當然都是一些評估的標準。但是，我認為還是要評估他所要投入或專注的業務，是不是慢慢地會建立核心競爭力（Core Competence）；否則，即使創造再大的業務，如果沒有一些獨特的、領先的地位，就很容易被其他的競爭者所取代。

此外，網際網路一定會面臨人才不夠的問題，反而人才是更重要的價值；其實到最後，美國的企業要併購網際網路公司的時候，是計算該公司有多少的工程師，來核算這個公司的價值，根本就不管他到底是在做什麼業務了。所以，對網際網路公司的評估，說不定從這個角度來思考，是更有意義的。

如果從人才的角度來思考是更有意義的話，那麼，一個團隊的企業文化，那些人腦筋裡面所想的，有沒有過度的期望（Over Expectation），能不能溝通，有沒有共識等等，這些反而是比他在做什麼還重要。因為，對於該公司的運作，實際上，我們也管不著；其實到現在，我對很多的業務，也不是百分之百的了解，也不一定百分之百懂。但是，如果以我在看網際網路的投資，我反而會從這些角度來思考。

Q3 現在網路公司都還在燒錢，到底未來會如何發展？

現在對於網際網路的定義，我想大家有一點被誤導了，認為只有像 Portal（入口網站）、e-commerce（電子商務）等等這些新的生意才叫網際網路；實質上，Communication（通信）建設反而是走在前頭。而且，全世界現在最被看好的網際網路的應用，還是在無線的通信領域；從現在 GSM（全球衛星數位式無線電話系統），最後 WAP（無線通訊應用協定），走到 GPRS（整合封包無線電服務），走到 3G（第三代行動電話）。

從這條管道所進入的網際網路的業務，只要從應用面來考量即可；而且，它的好處是，網路上的應用，實在是很簡單的事情。甚至，最複雜的就是收錢，怎麼樣把錢都收的到；也就是說，它所做的都是很簡單的交易（Transaction）。但是，它必須借重（Leverage）相關的技術，而這些技術是比較容易複製的；而且，因為技術的平台（Platform）做好的話，用的越多，它的效益是越高的。實質上，我是完全同意網際網路的第一波，是從技術的角度先起來的。

其實，在宏碁集團裏面，網際威信（Hi-Trust）也是從技術的角度切入，他提供了安全的機制（CA）、付款的機制（Payment Gateway）；即使他現在已經賺錢了，大家都還不知道網際威信是誰？也沒有看到廣告。因為他是在背後，所有要做電子商務的人，非找他不可，銀行也非找他不可；在這樣的情形下，實質上，他是第一波先起來的公司。

當然，我們在提供服務的同時，所掌握到的客戶的數量，是有它的價值；因為，本來你就要投資去做相關行銷的事情。問題是說，你要遞送（Delivery）什麼有價值的東西給他？當然，賣東西本身就必須要有付款的機制、安全的機制，以便讓客戶有心安、方便的感覺；在這些都還沒有建立之前，可能都還是屬於投資的階段。所以，整個網際網路的營運模式（Business Model），實際上並不成熟。因為，你只要是跨橫的領域，一般來講，都有新的投資；所以，業務的範圍延伸越多，並不代表就可以賺錢。

網際網路最大的經濟效益，一定是原來做好的東西，是重複地在使用；重複越多，它的效益越高。所以，我甚至有這個想法：B2B 是做交易（Transaction），比較不考慮有關品牌的問題，反而只有技術的機會！因為，真正要掌握客戶，要開發專業領域的知識，是掌握在大公司的身上。比如說，宏碁集團和五百多家的合作廠商，在 2000 年，就有五百億左右的網上交易了；這種將我們現成的生意，透過 B2B 的交易機制，把它轉成電子商務的方式，它的效益是最高的。

另外一個例子就是從宏碁科技，他賣 ACER 品牌的產品和他所代理的產品，是透過經銷商，然後直接對消費者的；這種 B2C 的營運模式，有一點像只是做服務。所以，反過來，未來真正要建立 B2C 的營運模式，就需要考慮品牌品牌形象的問題、付款機制的問題、安

全機制的問題、物流的問題等等這些屬於安全的、心理的及實際操作的因素，都必須要先解決。基本上，從 B2C 的角度來看，還有很多的問題要去克服的；所以，我覺得 B2C 要真正發展的話，可能還要一點時間。

當然，從外面投資是一回事，自己在經營的時候，一定要有一點點的願景。什麼是及時要做的，就趕快去做；有些是不確定的因素，就不能承諾太深，但是要去多了解等等，這樣一個資源的重新分配（Resources Allocation），是有絕對必要的。我們只能說，網際網路這條路，已經已經造成一個所謂的「數位經濟」（Digital Economy）或「網路經濟」（Internet Economy）的時代，是遲早要發生的；如果你在這個發生的過程裡面，完全不介入的話，好像就會變成不是活在這個世紀的人，會被這個世紀所淘汰。如果你介入了，當然就和你有關聯了：如果你不借重、不了解網際網路，相對的，你原來的價值就打折了；反之，如果有了原來的基礎，加上新的機會，你就會產生多重的價值了。

Q4 『中文的搜尋引擎，台灣就有機會成為全世界的領先者』，就這一點來說，目前我們做到了嗎？

我認為中文的搜尋引擎（Search Engine）不可能在美國發生，就好像中文電腦的發展，不可能在美國發生一樣；因為這不但需要資源，還需要整體環境的配合。我們如果要在搜尋引擎上加這個功能，加那個功能，不在在那個主要應用的環境裡，怎麼加？所以，台灣是有機會在中文搜尋引擎的這個領域中，成為全世界的領先者；今天，我們唯一的競爭對手，就是大陸。

Q5 有人認爲網路商機未來還是由大企業控制，你是否認同這種說法？

這個問題要從經濟規模的角度來看：目前純粹由網際網路所創造的經濟規模還很小，所以，我們只能說，網際網路是未來的趨勢，可能會有高度地成長；這個也就是為什麼，如果單從經營的理念來講，目前大企業不應該專注在網際網路的生意。但是，當網際網路的生意，慢慢地成形以後，大企業突然發現，假如他現有的作業，能運用網路的模式來推展的話，就可以讓企業產生新的生命；在這種情形之下，這個企業的競爭力所創造的價值，要比單純新的網際網路生意，大太多太多了。

所以，這個問題可以分成兩個部分來看：長期而言，現有的大企業運用網際網路所創造的價值，要比新的企業多；但是，反過來，在創造網際網路價值的時候，也有可能是新舊合作。因為，舊的企業掌握現有資源，如果不提供出來，新的生意根本就無法創造價值；但是，從另一個角來看，舊的企業如果要從原來的作業創造新的價值，可能乾脆就和新的企業合作，反而比較有效；因此，新的企業也有立足之處。實質上，即使在這種的合作模式之下，因為，舊的企業的投資是比新的企業大很多的，所以，他還是可以分到比較多的好處。

基本上，美國現在也正在討論：大企業在網際網路的生意模式，不管是 B2B（企業對企業的電子商務）或者是 B2C（企業對消費者的電子商務）的生意，到底是應該把這個新的業務當成是公司裡面的

一個部門？還是獨立的公司？其中就有幾個不同的意見。

第一個看法是成立新的公司：因為，網際網路的生意模式是有別於傳統產業的不同文化，不應該受制於原來大企業的影響，這樣的運作會比較有效。其次，新的網際網路公司在市場上的市值（Market Cap）是比較高的，甚至於比舊的公司還高；所以，如果現在大企業把原來的傳統生意和網際網路的生意，分成兩家公司，他的市值總和遠超過於原來單獨一個企業，因此，當然應該分出來。

另外一個看法是：網際網路真正能夠創造的價值，應該是透過舊企業所掌握的資源；不管是客戶的資源，還是生意的資源。這些做生意所需要的 Know-how，比較有效的也是在舊企業；新企業只是強在技術或者新的觀念，但是，真正做原來生意的 Know-how，還是在舊企業。實際上，長期來看，在舊的企業裡面可以創造比較多的價值；所以，可能是在大公司裡面的一個部門，將來對整個企業體的競爭力，是比較有效的。

既然合起來是比較有效的，所創造的價值可能是比較高的，那麼，為什麼是分開的價值比較高呢？我認為這可能只是短暫的現象，是市場對網際網路的價值，有一個不正確、不穩定或不成熟的結果；或者是舊的企業，還沒有完全把他的作業，真正地轉到新的網際網路經營的時候，它所產生的附加價值是有限的。其實，這兩種做法會產生矛盾的現象，是因為他們在評估的時間點和評估的方法是不

一樣的。舉例來說，假設舊企業原來的市值是一千，如果把與網際網路有關的小小的生意，分出去成立新公司的話，可能這個原本只佔十的新的業務，因為市場的反應，變成五百了；但是，這個五百很可能會被削到只剩下一百或兩百。就算它真的有五百的價值，分開的結果就是一千五；短期間看起來，好像比原來的一千，多了五百的市值。長期來看的話，如果舊企業採用網際網路來轉型的話，只要經營績效提高了百分之多少，多賺了兩、三倍的錢，這個一千就可能變成二千或者三千；所以，用這個簡單的數字，我們就可以判斷到底是放在企業內部好？還是放在外面好？

也就是因為這樣，美國現在有很多的大企業，在面臨這種抉擇的時候，就很頭痛；因為，初期的執行，當然在一個新的企業文化環境會比較好；但是，長期而言，投資價值是放在舊的產業比放在新的產業，更有價值。這裡所謂的價值（Value）是指專業領域的知識（Domain Knowledge）和客戶基礎（Customer Base）等等；現在如果把新的業務獨立成一個公司，到時候可能會收不回來。尤其在網際網路中，一切都是公開的，沒有真正專有的 Know-how 可言；所以，現在對很多的大企業而言，如果成立新的小公司，等於是把相關的經營Know-how 貢獻出來，讓產業界分享，而只能賺到一點小錢，實在是很痛苦的抉擇。

那麼，以台灣的情況來說，B2B或B2C生意，到底要屬於大企業的一部分還是獨立的公司比較有利？

到底是哪一種模式比較有利，很難說：大企業自己做所實現的價值，在於大企業擁有資訊和 Domain Know-how，可以廣泛重複地使用；獨立出來做的價值，初期是夢的價值。所以，綜合來說，這要判斷兩個因素：第一，要看大企業自己做所實現的價值，和獨立出來做的價值，哪一個比較大；第二，執行起來，哪一個比較有效，這又受企業文化和專精（focus）的因素所影響。

一般而言，我認為在美國的話，大公司放在內部來做比較好，因為公司可以掌握的市場大，對員工的誘因（incentive）比較好，員工之間也比較沒有不平的心理。相對的，在台灣的話，我認為是獨立出來比較好：第一，台灣本身的市場就不大，即使大，也往往沒有實際所能掌握的市場大，如果因此而失掉 OEM 的訂單就麻煩了，所以放在內部來做是很危險的。第二，台灣「寧為雞首」的文化，本來就適合獨立為小企業的發展。第三，台灣所需要的最小市場經濟規模，只要美國的百分之十就可以，所以很值得試試。

爲什麼B2B眞正的專業知識還是掌握在大公司手上？爲什麼會出現這種情況？

 很多人談 .com，都從技術平台出發，這樣的好處是無國界，市場大；但是，隔行如隔山，眞正的關鍵，還是會在專業知識，也就是行業知識的應用上，在這種情況下，大公司所掌握的專業知識一定比較多。當然，也可能有一些人從大公司離開，帶出來一些專業知識；但是這樣出來所應用的專業知識，大公司可能並不買帳，結果可能只能運用在中小企業身上。

過去，企業是運用專利來建構核心的競爭力，在網路時代，企業如何建立自己獨特的核心競爭力？

在網際網路當然還是有所謂「智慧財產」（Intellectual Property；IP）的觀念，如果是在技術方面，當然跟一般原來有形商品（Tangible goods）裡面，所謂的專利或著作權等等，應該有類似的關係；實際上，在美國連營運模式（Business Model）都要去申請專利。當然，軟體（Software）是以著作權（Copyright）為主；實際上，很多實現的概念（Approach Concept）也是可以申請專利的。其實，能夠申請專利的智慧財產，相對的就是屬於比較技術層次的東西；實質上，在未來的競爭中，無形的（Intangible）層次相對地要比有形的（Tangible）層次多。

智慧財產也包含品牌，這個也就是為什麼，在網際網路裡面，會認為品牌是那麼重要的原因；其實，品牌形象是一個結果，跟品牌有關的實質的東西，就是「顧客關係管理」（Customer Relationship Management；CRM）。實質上，「品牌資產」（Brand Name Equity）是企業不斷地對客戶傳遞一些有價值的東西，所產生的無形的價值；所以，它會變成很重要的一個因素，也會建立競爭障礙（Barrier）。其他能夠建立競爭障礙的因素，當然是人力：人力不是指人數的多寡，而是指經過組織，可以留在一起工作的團隊；否則，為別人所用的人力，也是沒有用的。

Q9 在網路經濟，行銷是很重要的核心競爭力，要如何在華人市場做行銷？

行銷除了要對當地的市場、文化有相當的了解外，因為它是動態（Dynamic）的，是隨時跟社會變遷整合在一起的；因此，很明顯地，在網路經濟裡面，有關行銷的 Know-how，就是相關的基本經驗和理論等等，最有經驗的、最強的，就是在美國的企業。但是，當他們要將這些經驗應用到另一個市場的時候，一定要有一些人和當地市場、文化等動態的環境整合在一起，才能夠應用的非常好；從這個角度來看，我們當然對於華人市場的行銷，將來是絕對佔優勢的。

現在的問題就是，誰來擁有這個市場？是我們跟外商合起來？還是我們自己來，不假外力？還是我們跟大陸的企業合起來？其實，不管是哪一種方式都是無所謂的；主要的關鍵就是，我們一定要想辦法去掌握那個市場。比如說，因為在超分工整合裡面，我們在台灣已經有很好的 Know-how 了；如果這些 Know-how，沒有一個市場來發揮的話，它的效益就打折了。

所以，為了要發揮「台灣經驗」的效益，我們一定要想辦法去掌握那個市場；至於到底應該用什麼可行的模式，則是可以探討的。我們當然可以和當地的廠商合作，將這些 Know-how 授權（License）出去，讓當地的廠商去承擔風險，我們賺比較低風險的錢。

當然，也可以讓美國人來承擔風險，我們來替他操作（Implement）；做不好，大家都有損失，但是我們輸的比較少。還

是自行承擔風險，全部都自己來做，我想都是可行的。

其實，在網路經濟裡面，我覺得有兩個角度是更重要、更值得我們去深思的：第一個是說，網際網路的市場潛力，才剛開始而已，現在可能是未來的千分之一，也就是說，即使你贏了千分之一，並沒有代表什麼意思；反過來說，你在這個過程裏面，最重要的是要用什麼方法，不管用自己做或者跟人家合作，都沒有關係，你要從長計，去建立信心或掌握更多的 Know-how。

第二個是說，因為大陸的市場還不成熟，變數還是太多；所以，我們去做大陸的市場，目的是要了解當地的市場。如果要很深入地投入的話，必須要是不變的東西；也就是說，不管大陸的政經怎麼變，這個不會變的東西，才值得投入。比如說，為了要做當地的服務，要在大陸建立一個幾百個人、幾千個人的經營團隊，那你不能控制的因素就多了；如果你是要建立一百個人的技術團隊、開發一些軟體，這個風險就低很多了，因為它比較不受政經的變化所影響。企業一定要從大陸的客觀環境，來考慮投資的先後順序。比如說，你雖然跟人家合作，不過第一層的經營者，一定要自己掌握，不論是從母公司派人或訓練自己的人；這一批人，你必須想辦法要先掌握。如果，這批人是企業未來要掌握大陸的龍頭的一些種子隊的話，這個投資你要不要做？因為人少、關鍵多，是不是要投入這個關鍵？這是值得我們思考的模式。

Q10 為什麼『在華人市場的行銷，我們將來絕對佔優勢』？

A 行銷和兩個因素有關：一是文化，二是快速的回饋系統。

因此，在華人市場的行銷，我們相對於其他歐美國家，最有利的就是文化相通的因素。相對於香港和新加坡，台灣的弱點是國際化比他們要差，但也有三個優點：台灣本地的市場規模，相對還是比較大；我們所承襲的文化，畢竟還是比較純的中國文化；此外，我們的人才，相對還是多很多。相對於大陸，我們的市場當然小多了，人力資源也不及大陸；但是，我們對於自由經濟体系的價值觀，畢竟又比大陸先進多了。以上這些，是我認為將來我們絕對佔優勢的原因。

Q11 那麼，台灣在國際市場的行銷呢？

A 談到自創品牌和行銷，不能只靠一兩家明星企業，這樣會太孤獨；看看宏碁在資訊業，巨大在自行車產業，都很孤獨。在創立品牌的過程中，一個產業最好有三個企業都在前進；像我們在電腦業一家就很寂寞，有兩家一起做也不夠，中國人講三人成眾，所以我覺得最少要有三家。看日本過去家電業，汽車業的例子來說，都是有那麼幾個品牌同時在走國際化的路子，所以彼此固然有競爭，也會有扶持。這樣有兩個作用：一是可以共同支撐 Made in Taiwan 的形象，二是可以共同灌溉國際行銷人才的環境。即使我們要在網路生意中，打品牌的時候，還是要注意這個問題。

還有一個問題是，台灣欠缺國際行銷的人才。這有兩個理由：第一，越大的市場，越開放的市場，越看重行銷；所以，行銷的理論都來自美國、日本，這是有道理的。我們本身的市場不夠大，這是先天的問題。其次，台灣企業過去太倚賴外銷，尤其是 OEM 性質的外銷；因此，我們面對的客戶是外國那些固定的客戶，不需要大規模的行銷，造成目前我們最欠缺的就是國際行銷人才。

近十年來，台灣本地的市場日益活潑，我們有很多本地的行銷人才，但是談到國際行銷，不要說是歐美，即使是東南亞這種文化背景相去不遠的地區，也是人才缺缺。要改善這個情況，短期內是沒

有辦法的，只有靠長期的投資；這還不只是讀讀書的問題，必須要有實務的歷練。在知識經濟的時代，未來我們一定要介入 B2C，這就需要行銷；所以，我們應該要有個行銷知識的舞台。如果我們的行銷是走在大陸前面的話，就可以有一些主導的力量，創造更大的行銷空間。

Q12 但現在為止，全世界的B2C都還在賠錢，包括最知名的亞馬網路遜書店（amazon.com），累計虧損已達到三億多美元，你對B2C的前景有何看法？

A 我把 B2C 分成兩塊：一塊是實體的東西，一塊是無形的東西；實際上，還有另一種分類：一個是新的形式，一個是舊的形式。因為，在我們的生活需要裡面，新的東西不是那麼多，B2C 只是在交易的形式跟商品傳遞的形式不同而已；所以，基本上 B2C 應該是說，電子商務所交易的商品，一種是實體的，一種是無形的。

無形的商品是以位元（bit）的方式來傳遞的：比如說，像音樂，像未來的電子書，像軟體及電玩（Game）等等的銷售，甚至於未來你在家裏做轉帳等等，這些都是非實體的東西，它完全是透過網際網路技術的機制，以數位傳遞的方式來完成的；因此，就能夠開拓或產生一個新的市場或機會。像很多 bit 的傳遞，就是一個生意的模

式；長期來講，像電子書，像飛機票、火車票等電子票，未來都可以做到無形的傳遞。對無形的東西來講，只要這個機制是完整的話，它的成本效益當然是最高的；等於將 bit 下載（Download）後，該筆交易就算結束了，不需要再變成 CD 片後寄送，很多的成本自然就省下來了。

很明顯地，有實體東西交易的電子商務，應該都是從成本效益的角度來思考；因為實體的東西，是無法在電子交易中，就能夠結束整筆的交易。所以，在電子交易的過程中，並沒有降低實體商品的成本，它的好處也不是在這筆交易上；反而是因為透過網際網路全部自動化以後，不管是運籌（Logistic）、庫存管理（Inventory Control）、甚至是作業本身，都能夠有效地降低成本。我們希望當整個企業都電腦連線，完全進入電子商務之後，庫存可以降到百分之七十，甚至於降到百分之九十。

這個也就是為什麼，美國的戴爾電腦（Dell）從直銷（Direct Marketing）變成網路銷售（Internet Marketing）以後，效益越來越高的原因：因為，在交易的時候，客戶已經用信用卡（Credit Card）把錢給他了；但是，貨則是在兩個禮拜以後才交。這種錢先拿了，貨還沒有給的經營模式，它的存貨是多少？是負的！它所產生的效益是更大的；所以，我從是從它能不能傳遞價值的角度來看。在這個交易的過程中，如果你所做的事情沒有考慮到這個基本因素，中間就會有一些假象。

當然，如果像 amazon.com（亞馬遜網路書店）做到現在，他的版圖已經夠大了，同時他所創造的夢想也更大。他所建立的這些品牌知名度（Brand Reputation）、顧客資料（Customer Base）、還有整個交易的機制等等，當然是創造了一些價值；而且，應該要調整到一個賺錢的模式，可能也是沒有問題的。問題是在於投資是否合理？因為，投資者用那麼高的股價去投資他的股票，能不能回收是另外一個問題；但是，已經投資這麼多無形資產，可能只要把一些成本降低，應該是有機會，把他的營運模式變成一個賺錢的模式。

但是，美國企業的思考模式不太一樣，他們認為反正投資者就是要承擔風險，經營者就會把公司做大，不一定要先考慮到賺錢的問題。台灣的企業就不一樣，就算用別人的錢來經營公司，為了個人的信用，一定要做成功。兩者的觀念不太一樣，當然經營企業的模式，也就不一樣的。

Q13

伯恩諾柏（Barne & Nobles）書店和amazon書店就很不一樣，伯恩諾柏成立電子書店，是來協助原有的經營模式，這種模式和amazon哪一種較有效？

A

依照目前網路經濟的發展模式，其實最根本的概念還是：原來的東西有沒有機會透過網路來提高價值？我覺得，如果做網際網路的生意，沒有願景的話，會走得更顛簸。其實，這個願景不需要是五年、十年的願景；這個願景是說，我希望兩年之後，要建立怎麼樣的基礎架構（Infrastructure）或境界，然後一步一步地往前做。因為，沒有人知道要怎麼做，所以，只有先設定好願景，才能夠比別人早一步達到；否則，等到大家都知道後，完全就是看誰財大氣粗，能夠投資快一點而已。

Q14

您認為美國的投資者本來就有要承擔風險的意識，『台灣的企業則不一樣，就算用別人的錢經營公司，為了信用，一定要做成功』，為什麼台灣和美國的情況不同？

A

這和社會的價值觀及文化背景都有關。

在美國，專業經理人的敬業精神是比較不必懷疑的：美國的社會認為專業經理人監守自盜、虧空的事情是罪大惡極，所以這種情形也是比較不會出現的；在這些先決條件下，經營者失敗，投資者不會

怪罪他，失敗反而是他經驗的累積。

在台灣，過去專業經理人和投資者的分際有許多爭議。就投資者來說，很難接受我出錢，你當老闆的事實；就專業經理人來說，由於法令的規定，要負責很多沉重的負擔，譬如不論經營者的股份多小，就算只有百分之五，向銀行貸款的時候也要自己背書保證。於是變成經營者會覺得賺錢大家有份，賠錢卻要自己負擔的不平。（我和曹興誠是台灣最早向銀行爭取免除背書保證的專業經理人，我們這樣做也是因為一來我們的股權比例並不大，二來我們已經把公司增資大到銀行不必擔心的地步，這是十三、四年前的事了。）

在這些因素的影響下，台灣的經營者出現虧空的問題，即使違法，但是社會上反而沒有像美國那麼沒辦法接受；因此，投資者既然無法制裁，就只好自求多福。所以，我說台灣的專業經理人一定要做成功，與其說是為了信用，不如說是更為了證明自己能力的紀錄。

這個情況不只台灣如此，在亞洲其他地區更普遍，大陸尤其嚴重：國營企業很多經理人認為資金反正來自政府，就容易漫不經心，像三角債的問題，也是這樣出現的。近年來，台灣的情況已經在改善：今天的經營者不論做得再大、再好，長期總不得不繼續尋求資金；所以，不好好經營自己的信用，即使有短期的利益，長期而言，也是無路可走的。

Q15 宏碁目前在發展的『虛擬公司』的概念是什麼？發展這個計劃，有何重要性？

其實，我是指 Virtual 的公司。Virtual 的本意是實質存在，但難以捉摸的意思，也可以解釋為『有實無名』；中文譯為『虛擬』，勉強可以接受。

我所謂的虛擬公司，是指在公司登記成立之前，我們已經有了工作團隊；不但有了工作團隊，還把大家未來的股份、利潤和風險分攤等，都已經做了安排。唯一差的，只是公司的名稱與登記；所以，我說『有實無名』。

這樣做的原因有二：第一，客觀環境變化實在太快，而成立公司的各種手續太慢，我們要爭取時效。第二，由於機會出現的太快、太多，我們原先設想的營業項目，可能在幾個月的時間裡會發生徹底的變動；先登記成立公司，會有掉頭麻煩的問題。

虛擬公司和過去公司裡所謂的利潤中心大不相同：利潤中心只是獎勵負責的同仁，只有獎金，沒有股份，公司還是別人的。虛擬公司則是在內部創業之前的設計，參予的員工從一開始就有股份；員工沒有錢，我們還有貸款、股票選擇權等等的設計。

領導者的眼界 2

網路經濟與亞洲的機會

有效的執行，重過創意和速度

施振榮／著・蔡志忠／繪

責任編輯：韓秀玫　　封面及版面設計：張士勇
法律顧問：全理律師事務所董安丹律師
出版者：大塊文化出版股份有限公司
台北市105南京東路四段25號11樓
讀者服務專線：080-006689
TEL：(02) 87123898　FAX：(02) 87123897
郵撥帳號：18955675　　戶名：大塊文化出版股份有限公司

www.locuspublishing.com

e-mail:locus@locus.com.tw
行政院新聞局局版北市業字第706號
版權所有　翻印必究

總經銷：北城圖書有限公司
地址：台北縣三重市大智路139號
TEL：(02) 29818089 (代表號)　FAX：(02) 29883028　9813049
初版一刷：2000年9月　初版二刷：2000年10月
定價：新台幣120元
ISBN957-0316-25-X　　　　Printed in Taiwan

國家圖書館出版品預行編目資料

網路經濟與亞洲的機會／施振榮著；蔡志忠繪
.—初版.—　臺北市：大塊文化，2000〔民
89〕

面；　公分 . —　（領導者的眼界；2）
ISBN 957-0316-24-1　（平裝）
1.企業管理

494　　　　　　　　89012733

1 0 5 台北市南京東路四段25號11樓

大塊文化出版股份有限公司　收

地址：＿＿＿＿市／縣＿＿＿＿鄉／鎮／市／區＿＿＿＿＿路／街＿＿＿＿段＿＿＿巷

弄＿＿＿＿號＿＿＿＿樓

姓名：

編號：領導者的眼界02　　　書名：網路經濟與亞洲的機會

讀者回函卡

謝謝您購買這本書，爲了加強對您的服務，請您詳細填寫本卡各欄，寄回大塊出版 (免附回郵) 即可不定期收到本公司最新的出版資訊，並享受我們提供的各種優待。

姓名：　　　　　　　　**身分證字號：**

住址：＿＿＿＿＿＿＿＿＿＿＿＿＿＿＿＿＿＿＿＿＿＿＿＿＿＿＿＿

聯絡電話：(O)＿＿＿＿＿＿＿＿＿＿　　(H)＿＿＿＿＿＿＿＿＿＿＿＿

出生日期：＿＿＿＿年＿＿＿月＿＿＿日　**E-Mail：**＿＿＿＿＿＿＿＿＿＿

學歷：1.□高中及高中以下　2.□專科與大學　3.□研究所以上

職業：1.□學生　2.□資訊業　3.□工　4.□商　5.□服務業　6.□軍警公教
7.□自由業及專業　8.□其他＿＿＿＿＿

從何處得知本書：1.□逛書店　2.□報紙廣告　3.□雜誌廣告　4.□新聞報導
5.□親友介紹　6.□公車廣告　7.□廣播節目8.□書訊　9.□廣告信函
10.□其他＿＿＿＿＿＿

您購買過我們那些系列的書：
1.□Touch系列　2.□Mark系列　3.□Smile系列　4.□catch系列　5.□天才班系列
5.□領導者的眼界系列

閱讀嗜好：
1.□財經　2.□企管　3.□心理　4.□勵志　5.□社會人文　6.□自然科學
7.□傳記　8.□音樂藝術　9.□文學　10.□保健　11.□漫畫　12.□其他＿＿＿＿

對我們的建議：＿＿＿＿＿＿＿＿＿＿＿＿＿＿＿＿＿＿＿＿＿＿＿＿＿

LOCUS

LOCUS